AF456849

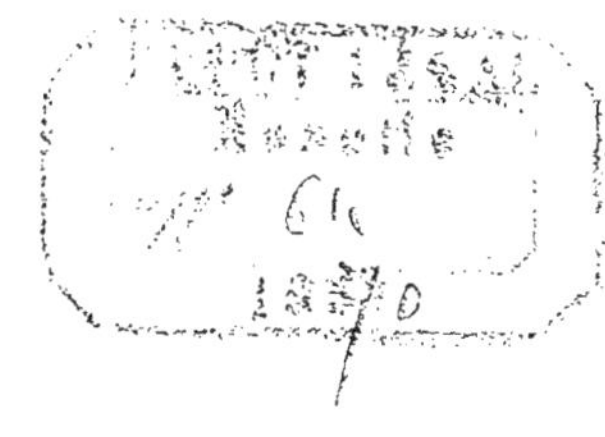

ESSAI
SUR L'HOMME
CONSIDÉRÉ COMME ANIMAL
ÉTUDE DE PHYSIOLOGIE COMPARÉE

PAR

le R. P. BACH S. J.

Pronaque cùm spectent animalia cœtera terram,
Os homini sublime dedit, cœlumque tueri
Jussit. . . . . (MÉTAM. I.)

Tout est plein de mystères dans la nature et surtout dans la nature humaine. Qui suis-je? Qu'est-ce que l'homme? S'il est une question capable de m'intéresser, assurément c'est celle-là, et ce qui m'étonne, c'est qu'elle n'ait pas été de tout temps la préoccupation principale des savants. Il n'y a rien de plus près à l'homme que lui-même, et c'est à l'égard des mystères qu'il renferme que sa curiosité a été plus tardive : il a étudié les lois qui gouvernent les astres dans l'espace avant celles qui font circuler le sang dans ses veines, et des combinaisons chimiques lui ont paru plus dignes d'étude que la secrète harmonie de ses facultés ; c'était une étrange aberration de l'esprit humain.

Aussi, n'est-ce pas sans un vif plaisir que je vois l'anthropologie reprendre une place distinguée dans la science contemporaine, et les conflits qu'elle a soulevés auront pour résultat, je l'espère, de faire jaillir la vérité ; la vérité ne craint qu'une chose, de n'être pas assez connue. C'est la pensée qui m'anime aujourd'hui en présentant ces quelques études sur l'histoire de l'homme. Je n'examine que le côté physiologique, mais, à mon avis, c'est une question radicale, et le philosophe lui-même est obligé, sous peine d'inconséquence, quand il veut parler de la nature de l'homme, d'invoquer le secours de la physiologie.

I.

Si je consulte l'antique définition donnée par la philosophie, je lis cette sentence devenue en quelque sorte proverbiale : *L'homme est un animal raisonnable.* Un animal? Qu'est-ce à dire? Ce mot n'a-t-il pas au premier abord quelque chose qui répugne? Ne sera-ce pas déroger à la dignité de mon être, si j'avoue que j'appartiens au règne animal, comme le cheval qui me porte, comme le bœuf qui me nourrit, comme l'araignée que j'écrase? Et ici, remarquez-le bien, ce n'est pas une vaine querelle de mots : suis-je un animal, oui ou non?

Hélas! j'ai beau m'en défendre ; malgré mes répugnances, il faut que je l'avoue, l'homme est animal, et je dois m'en tenir à l'ancienne définition. C'est un mystère si vous voulez, mais il est certain ; l'homme est un animal, parce qu'il a des organes capables de sentir. Outre l'appareil de la circulation, qui entretient sa vie par l'assimilation des aliments, la nature lui a donné un appareil spécial qu'on appelle système nerveux et qui par le moyen des sensations, le met en rapport avec le monde physique. Cela suffit, avec cet organisme, l'homme est un animal. Dans les définitions philosophiques, c'est ce qu'on nomme le genre. Voyons la différence.

Pour distinguer l'homme des autres êtres, animaux comme lui, le philosophe nous dit que c'est *un animal raisonnable*, c'est-à-dire un animal doué spécifiquement d'une faculté qu'on appelle raison, en d'autres termes, d'une âme qui pense. Toute l'anthropologie ancienne est fondée sur ce principe que l'homme est composé de deux substances tout à fait différentes, l'une matérielle et l'autre spirituelle, et que ces deux substances unies entre elles, ne font qu'une seule et même personne. Nouveau mystère, plus difficile à comprendre que le premier. Quel est le rapport mutuel de ces deux substances? Comment leur alliance peut-elle avoir lieu? Quelle est l'action de l'une sur l'autre? A ces questions pressantes, la définition philosophique ne satisfait pas, elle nous laisse à nous-mêmes et les doutes se multiplient. Que fait là cet être spirituel, arrêté au milieu d'une masse charnue, dont la sphère d'action est limitée par une mince pellicule? Qu'est-ce que ce corps dont il est pour ainsi dire environné? Est-ce un vêtement? Job le disait dans cette sublime apostrophe à son Créateur : « Vous m'avez donné une peau et des chairs pour vêtements. *Pelle et carnibus vestisti me*. Ne serait-ce pas plutôt une prison qui retient l'âme captive? » On parle d'un saint homme, aussi admirable que Job, qui voyait avec joie ses membres décomposés par les ulcères et tomber par lambeaux ; il chantait sa délivrance et s'écriait : « Ce sont les murs de ma prison qui s'écroulent! » J'admire cette exclamation ; c'est un saint délire, c'est l'héroïsme de la foi, ce n'est pas une explication philosophique. Aimerez-vous mieux dire que l'âme est détenue dans son corps comme l'oiseau dans sa cage? L'oiseau chante aussi comme pour adoucir sa captivité, peut-être dans l'espoir de sa délivrance. Les Orientaux vous diront là-dessus des choses charmantes. Savez-vous pourquoi Sélim a cessé de vivre? Parti des bosquets du paradis, le perroquet de son âme était captif entre des rameaux sans verdure. Tout à coup il s'aperçut que la porte de sa cage était ouverte et il prit son vol pour retourner dans sa patrie.

De toutes les comparaisons qui ont été imaginées pour expliquer la présence de l'âme raisonnable dans un corps, la plus avenante est celle d'une reine dans son palais. J'aime à voir cette noble substance conserver au moins une apparence de dignité dans sa demeure. Mais, après tout, votre reine ressemble fort à ces monarques de l'Orient, qui regardent comme une condition de leur majesté de rester cachés dans un mystère impénétrable : elle reste obstinément enfoncée dans l'obscurité de son palais. Que ne se montre-t-elle une fois, comme le font ces bons princes qui, les jours de fête, paraissent un instant sur le balcon pour recevoir les acclamations de leurs sujets? Elle ne se montre pour ainsi dire qu'aux fenêtres, on ne juge de sa présence que par le mouvement des vitres, et j'ose le demander, est-ce bien elle qui est là derrière et qui les fait mouvoir?

Une idée qui eut assez de vogue dans les anciennes écoles, fut de comparer l'âme à un pilote qui dirige le navire dans lequel il est enfermé. Et de fait, l'action d'un homme habile sur la marche d'un vaisseau ne manque pas d'une certaine analogie avec celle de la raison sur les organes. Mais les rapports intimes des organes avec la raison, vous n'en trouverez l'explication ni dans la boussole, ni dans le compas, ni dans la science du pilote.

Le défaut radical de toutes ces comparaisons et des explications qu'on en tire, c'est de séparer les deux substances, comme si elles avaient une existence distincte et comme si leur union n'avait rien d'essentiel. Relativement à l'âme, le corps ne peut être ni un vêtement, ni une habitation, ni une prison, ni un navire : ces comparaisons ne sont que des expressions figurées qu'on pardonne à la poésie ; mais nous avons le droit d'exiger autre chose du philosophe. Quels sont les rapports essentiels de l'âme et du corps? Pour répondre à cette question, le philosophe, quelle que soit sa puissance intellectuelle, a besoin de consulter la physiologie, et ce serait une méthode également defectueuse pour parvenir à la connaissance de la nature humaine, ou bien d'analyser les facultés de l'âme, comme si le corps n'existait pas, ou bien d'anatomiser les organes du corps en faisant abstraction des facultés de l'âme. Des études complètes ont été publiées là-dessus par des hommes sérieux et d'un grand savoir. Voyons si nous y trouverons ce qu'on doit entendre par ces mots : animal raisonnable.

II.

Une grande préoccupation des philosophes du siècle dernier fut de chercher le siége de l'âme. Déjà le simple vulgaire les avait prévenus en attribuant au cerveau le travail de l'esprit ; dans toutes les langues de l'Europe on disait tirer une idée de son cerveau, et le mot cerveau était généralement synonyme d'esprit ; cerveau creux, cerveau étroit, cerveau brûlé, étaient des métaphores bien comprises. Le philosophe, non content de cette opinion générale, demanda aux physiologistes si les expériences de l'anatomie justifiaient le langage vulgaire, et il lui fut répondu qu'en effet l'encéphale était le centre de toutes les fonctions de relation ; que chez l'homme aussi bien que chez la plupart des animaux, toutes les ramifications du système nerveux aboutissaient au cerveau comme à leur foyer commun ; de plus, que les opérations de l'âme dépendaient de l'état sain du cerveau, qu'une lésion quelconque de ses lobes était capable de causer du trouble dans les idées ou même l'aliénation mentale. Le philosophe demandait encore si la physiologie du cerveau pouvait rendre raison des phénomènes de la mémoire. — Oui, lui a-t-on répondu, les images laissent dans le cerveau des impressions permanentes qui se retrouvent plus tard, et s'il y a quelquefois de grandes différences, elles viennent de la sensibilité native ou accidentelle des nerfs de l'encéphale. — Mais, disait le philosophe, les observations anatomiques ont-elles découvert ces impressions dans le cerveau? Le physiologiste avoue que l'examen le plus subtil n'en a pas trouvé les moindres traces.

De tout cela, le philosophe a conclu que, s'il y a des mystères dans les phénomènes du cerveau, il n'en est pas moins certain que c'est là qu'il fallait chercher le siége de l'âme. Seulement, comme l'âme est une substance toute spirituelle, il s'agissait de lui trouver dans la masse du cerveau un organe restreint où elle ferait sa résidence pour gouverner de là son empire.

Celui qu'on appelle quelquefois le réformateur de la philosophie, ce même Descartes qui ne voyait dans l'âme des bêtes qu'un résultat de l'organisme, assigna pour résidence à l'âme de l'homme la glande pinéale, petit corps grisâtre qui se trouve en avant du cervelet. Cet organe, disait-il, est l'instrument immédiat des opérations de l'âme, et, en conséquence de cet oracle du grand maître, la glande pinéale fut longtemps regardée comme le *sensorium commune*. Il y avait encore, il est vrai, certains phénomènes de la mémoire qui ne trouvaient pas leur explication dans le *sensorium commune*. Témoin ce chasseur qui avait acquis subitement une mémoire prodigieuse, à l'occasion d'une balle maladroite qui lui avait effleuré l'occiput. Assurément la raison de cette révolution n'était pas dans la glande pinéale.

Néanmoins le principe était généralement admis, lorsque tout à coup on annonça des individus, dont la glande pinéale était nulle ou desséchée, et qui n'avaient pas cessé, malgré cela, de jouir de toutes leurs facultés. Grand émoi dans les écoles cartésiennes. Après avoir délogé l'âme de la glande pinéale, on s'occupa de lui assigner une autre résidence et plusieurs anatomistes la reléguèrent successivement dans différentes parties de l'encéphale, dans le *corps calleux*, dans le *centre ovale*, dans le *cervelet*, dans la *moëlle allongée*, etc. Vint ensuite le docteur Gall, qui localisa les diverses facultés de l'âme dans chacun des lobes du cerveau, et son système a fait révolution dans la physiologie; de grands orages se sont élevés autour de lui. Je n'examinerai pas cette question grave, si le cerveau doit être considéré comme un organe homogène, suivant les anciens docteurs, ou comme un organe multiple, suivant les phrénologistes. Je demanderai aux uns ou aux autres la solution d'une difficulté fondamentale : comment notre âme, substance immatérielle, peut-elle agir sur les organes ? Pour expliquer ce contact mystérieux de l'esprit et de la matière, les anciens avaient imaginé ce qu'ils appelaient les *esprits animaux*. C'était une hypothèse gratuite et qui n'expliquait rien. A la fin du dix-huitième siècle, on avait inventé le *fluide animal*, et ce mot paraissait un peu plus intelligible que l'autre, mais après tout, ce n'était encore qu'une hypothèse.

Une école moderne qui met en avant quelques expériences curieuses de physiologie, prétend expliquer tout le mystère de l'âme au moyen d'un fluide qu'elle appelle fluide nerveux. Mais qu'est-ce que cette nouvelle invention ? Est-ce un véritable fluide qui circule dans les nerfs comme le sang dans les veines, comme le fluide électrique dans les fils du télégraphe ? Oui, nous disent les docteurs ; on ne l'a pas vu , mais on juge de sa présence par des effets appréciables , et même , si la science veut bien étudier la nature de ses opérations , elle pourra leur expliquer tous les phénomènes du magnétisme animal.

Voilà, je l'avoue, des annonces curieuses, un nouveau point de vue où les mystères de l'animal raisonnable vont nous être dévoilés!... Par malheur, cette école a été accusée de charlatanisme; c'est un rayon du soleil qui lui manque, et l'obscurité qui règne dans ses démonstrations me force de dire avec le fabuliste :

Je vois bien quelque chose,
Mais je ne sais pour quelle cause
Je ne distingue pas très-bien.

III.

J'étais sous l'impression de ces divergences désespérantes, lorsque tout à coup il me tomba sous les yeux un passage insigne qui dissipa mes incertitudes. Une des plus fortes têtes que puisse revendiquer la philosophie, la gloire de l'Université de Paris, saint Thomas d'Aquin, parlant quelque part de la nature de l'homme, affirme que sa vie est une espèce de trinité *Vita hominis triplex;* il distingue la vie intellectuelle, la vie morale et la vie des sens, et après avoir dit que ces trois vies ont des opérations distinctes, il ajoute que néanmoins elles ne font qu'une seule et même âme. Ce que je remarque, c'est qu'en parlant de la vie des sens, il ne craint pas d'employer le mot *Bestialis*. Je m'arrête à cette expression du célèbre docteur. La bête humaine, ou bien l'homme considéré comme animal, voilà un point de vue qui m'a paru d'autant plus digne d'étude que souvent l'homme en détourne les yeux, comme s'il craignait de se voir tel qu'il est. Osons lui présenter un miroir fidèle et lui faire comprendre, par des preuves tirées de sa nature, en quoi il appartient au règne animal. C'est l'unique objet de ce mémoire.

Voudrais-je, en insistant sur cette matière, faire des avances au matérialisme ? A Dieu ne plaise ! Pas plus que saint Thomas ! Mais je pense, comme lui, que la vérité n'a qu'une chose à craindre, c'est de n'être pas assez connue, et je regarde comme un point important pour connaître l'homme, de savoir bien distinguer ce qui n'appartient qu'à sa vie bestiale. Or c'est, il me semble, une appréciation qui est extrêmement rare, et voici mon dessein. En partant de la triple distinction indiquée plus haut, je me propose d'examiner d'abord la vie animale en elle-même et telle qu'elle a été donnée à l'homme, puis nous verrons combien elle usurpe de place dans sa vie intellectuelle et dans sa vie morale.

IV.

De quelque manière que vous expliquiez la faculté sensitive de l'homme, ce qui est certain, c'est que son corps le met en rapport avec le monde physique, puisque c'est lui qui possède les organes des cinq sens, et voyez dans quelles conditions il se trouve relativement à notre vie. De la naissance du corps dépend la naissance de l'homme tout entier. C'est le corps qui établit la personnalité de quelqu'un, qui détermine sa place dans la création, qui le fixe comme fatalement à tel ou tel point du globe et qui met des limites entre le *moi* et le *non moi*. Enfin c'est la mort du corps qui fait ce que nous appelons la mort de la personne. Ainsi le Créateur l'a réglé, et l'homme, quelle que soit l'élévation de son génie, doit se résigner à cette portion bestiale de lui-même.

Mais considérez d'abord combien l'homme, dans l'histoire de son existence, donne de place à l'animal. Il doit le nourrir ; ses membres ne peuvent se former ni se réparer, sinon par l'assimilation des substances alimentaires. Il doit le vêtir, car la nature ne lui a donné à sa naissance ni toison, ni fourrures, ni plumes, et il est obligé d'y suppléer : les dépouilles des autres animaux lui sont d'un grand secours. Il faut le loger, et qu'est-ce que la demeure de l'homme, sinon la demeure de l'animal ? Sa maison se compose d'une cuisine, d'une salle à manger, d'un grenier, d'une cave ; toutes les pièces, quelque grandes, quelque nombreuses qu'elles soient, ont pour destination le service de l'animal, et, comme il a besoin de dormir, une pièce principale sera la chambre à coucher. On dirait que l'animal est tout, c'est de lui seul qu'on s'occupe.

Aussi, interrogez le manœuvre et l'artiste, l'homme de négoce et l'homme de lettres, à quoi pensent-ils ? A gagner leur vie, c'est-à-dire à bien nourrir à bien vêtir, à bien loger l'animal, et le philosophe lui-même vous dira : *Primò vivere, deindè philosophari*. Deux amis se rencontrent, et pour témoignage d'affection, ils se demandent mutuellement : Comment vous portez-vous ? Vous, c'est-à-dire votre vie animale. Puis, l'ami invite son ami à dîner, et l'affection est d'autant plus manifeste que l'animal a été mieux festoyé.

Les hommes diffèrent les uns des autres par le tempérament. Mais qu'est-ce que le tempérament, sinon une manière d'être de l'animal? Ces mots tempérament sanguin, lymphatique, bilieux, que les physiologistes se sont efforcés d'expliquer, que signifient-ils, sinon une certaine prédominance dans l'organisme? Et n'est-ce pas cette prédominance qui modifie les caractères en dépit de la raison? Les âmes ne sont naturellement ni bilieuses ni lymphatiques, ce sont les corps; les corps seuls ont de la bile, de la lymphe, etc., et leur idiosyncrasie, c'est-à-dire la spécialité de leur tempérament est imposée dès la naissance à l'âme qui leur est unie.

Bien plus, ce qu'on appelle vulgairement les *passions*, quelle en est souvent la raison secrète sinon une disposition particulière de la vie animale? De là les comparaisons si fréquentes qui sont en usage dans la poésie et dans le langage populaire. Quand, au milieu du récit d'une bataille, Homère, ou bien ses successeurs, les poëtes de toutes les nations, font une comparaison pompeuse : tel qu'un lion, tel qu'un léopard, etc., ne prenez pas ces figures pour un vain jeu d'esprit, elles n'auraient aucune valeur si elles ne renfermaient pas un fond de vérité. J'admire avec vous le héros qui, dans une mêlée, disperse les bataillons comme un troupeau de faibles brebis, qui épouvante ses ennemis du son de sa voix, du feu de ses regards, des coups meurtriers qu'il porte; mais si vous remarquez en lui le sentiment de la gloire, ce qui me frappe, je l'avoue, ce sont des forces physiques.

Avez-vous observé ce qui se passe dans la colère? C'est là une passion animale et la physiologie peut vous en expliquer une partie. Un chien qu'on irrite grince des dents, il écume, il s'apprête à mordre; c'est l'instinct de la conservation qui le fait agir, une sécrétion de bile abondante vient en aide à tout son organisme, il se sert des armes que la nature lui a données pour se défendre. Des phénomènes pareils se manifestent dans un homme furieux : il éprouve, lui aussi, l'action de la bile, tout le système circulatoire est animé, ses carotides se gonflent, son œil est injecté, ses mâchoires se serrent l'une contre l'autre, ses doigts se contractent, s'il avait des griffes avec des canines plus longues, son ennemi serait déchiré à belles dents.

Voulez-vous une passion plus douce? Voyez un homme de bonne chère qui entre dans la salle du festin: il lui échappe une exclamation joyeuse. Permettez-moi de faire sans poésie une comparaison légitime, car vous l'avez vu plus d'une fois, le bœuf mugit de plaisir à l'aspect d'une plaine verdoyante où il va faire ses délices de l'herbe tendre.

On se trompe souvent dans l'appréciation de ce qu'on appelle caractère; on y suppose trop souvent l'influence de l'âme raisonnable et, si on examinait sérieusement, il serait facile de voir que la vie animale y a quelquefois la plus grande part. Voilà un homme d'une santé florissante, il porte le bonheur empreint sur sa physionomie, ses joues sont colorées, ses yeux brillent, il chante, il réjouit tous ceux qui l'entourent. Quel heureux caractère! dites-vous; il a du mérite à vos yeux, il a gagné votre sympathie, et moi, tout bien considéré, je me dis à moi-même : quel heureux tempérament ! et je lui en fais compliment comme de son teint fleuri.

Au contraire, voyez cet homme au visage pâle, aux yeux ternes, à la physionomie contractée. C'est là un triste caractère, direz-vous, et toute sa personne a pour vous quelque chose d'antipathique. Mais ne voyez-vous pas qu'il souffre, la vie lui est amère et il mérite plutôt votre pitié que votre indignation ; l'art de guérir, en lui rendant la santé, le rendrait plus aimable à vos yeux. Cela soit dit sans préjudice des causes morales qui parviennent à modifier les caractères.

Plus vous étudierez l'homme, plus vous verrez avec étonnement que la vie animale a une grande part dans l'histoire de son existence. Mais puisque la vie de l'homme est triple, suivant le dire de saint Thomas, je voudrais savoir si dans sa vie intellectuelle et dans sa vie morale, il est condamné à subir l'intervention de cette partie matérielle de lui-même.

V.

Outre la vie interne qui est radicalement indépendante, l'intelligence a une nutrition propre, c'est le langage parlé ou écrit. Certains accents de la voix humaine appartiennent, il est vrai, à la vie animale comme le rugissement du lion, le bêlement de la brebis, le croassement du corbeau ; mais le langage articulé, signe de la pensée, ne s'adresse qu'à l'intelligence. Voilà un aliment *sui generis* établi par le Créateur pour l'entretien de la vie intellectuelle et les organes des sens n'en sont que les canaux. Avec cela, l'intelligence jouira-t-elle de son autonomie, et moyennant cette utile transaction, la vie intellectuelle sera-t-elle enfin libre de toute intervention de la vie animale? Hélas ! non. Ces deux vies quoique distinctes, sont tellement unies dans la personnalité humaine, qu'il en résulte une influence inévitable de l'une sur l'autre. Nous en avons des preuves dans une expérience de tous les jours : une indigestion, une névralgie, un brouillard, le sirocco, le mistral, moins que cela, une mouche peut mettre aux abois la plus forte intelligence ; un accident fortuit peut troubler la raison et causer ce qu'on ne voit pas chez les animaux, des accès d'aliénation mentale. Ainsi l'intelligence n'a pas sa liberté entière.

Que si vous essayez de pénétrer dans le secret de sa vie intime, vous trouverez dès l'abord une faculté qui vient de la vie animale, mais qui est tellement subtile et active, que, si vous n'y prenez garde, vous la confondrez avec l'intelligence ; je veux parler de l'imagination. Etudiez un instant avec moi sa spécialité, c'est le beau côté de l'homme considéré comme animal.

Je laisse aux philosophes le soin de définir ce qu'ils nomment quelquefois l'âme des bêtes ; notre tâche n'est pas aussi difficile, et mille observations physiologiques sont là pour nous expliquer plus d'un mystère de l'imagination. Remarquez d'abord que c'est une faculté double, elle a un côté passif et un côté actif, comme les doubles filets du système nerveux.

Du côté passif, l'imagination appartient sans contredit

à la vie sensitive : son trésor se compose de toutes les impressions que les sens lui apportent du dehors. La vue surtout lui apporte des *images ;* celui qui a beaucoup vu a l'imagination plus riche. L'ouïe de son côté lui paie son tribut ; les bruits divers qui viennent de la nature vivante ou des phénomènes naturels produisent dans l'âme des impressions profondes. Il n'y a pas jusqu'à l'odorat dont l'imagination n'ait à se servir utilement ; Rousseau appelait même l'odorat le sens de l'imagination, et les latins en parlant d'un homme d'esprit disaient *vir emunctæ naris.*

On a observé dans certains animaux une subtilité d'organes plus grande que dans l'homme. Le milan qui ne nous paraît que comme un point noir au haut des airs, est parfaitement distingué par la poule, elle y reconnaît l'oiseau de proie, le milan de son côté distingue la jeune couvée sur laquelle il veut fondre et la poule s'agite avec inquiétude en appelant ses poussins sous ses ailes. Un chat distingue les faibles bruits qui nous échappent et le chien a l'odorat si subtil qu'il reconnait la bête fauve aux effluves qu'elle a laissées à son passage. Les sens de l'homme ont donc parfois moins de subtilité que ceux des animaux. La perfection qui lui est propre au point de vue de la vie animale se trouve dans le sens interne que nous appelons l'imagination. Cette faculté, en tant qu'elle est passive, conserve dans la mémoire les impressions qu'elle a reçues des sens et y forme le fonds de richesses où l'intelligence est obligée de venir puiser : voilà une dépendance de tous les instants.

Un défaut énorme que l'on reproche quelquefois à la raison humaine, c'est la fréquence de ses erreurs. L'instinct de l'animal est sûr, souvent même il a une perfection qui nous étonne. Pourquoi l'homme se trompe-t-il tant de fois, et pourquoi l'histoire de son esprit nous offre-t-elle un si grand nombre de folies? Pourquoi? n'en accusez que l'imagination. Remarquez-le bien, ce n'est pas ordinairement l'intelligence qui se trompe, c'est l'imagination. L'imagination prend un buisson pour un fantôme, un rocher pour un monstre, le vent qui gémit dans la forêt pour un génie malfaisant; de là bien des revenants, des loups-garoux, des superstitions populaires. Il arrive que l'imagination trompée trompe à son tour l'intelligence et la rend complice de ses erreurs.

Mais puisque l'imagination est en même temps une faculté active, sous ce rapport au moins l'intelligence qui s'en sert ne sera-t-elle pas libre des influences de la vie animale? Non : c'est un phénomène donné souvent par les gens d'esprit que l'invention oratoire et l'invention poétique sont subordonnées aux sens. Quand une tirade pindarique jaillit du cerveau d'un poète, ce n'est pas Apollon qui l'inspire, c'est le sang qui s'échauffe, c'est le système nerveux qui est surexcité, le dirai-je? le secret de sa verve est peut-être dans le nectar dont il s'est abreuvé. Ne parlons ni du Falerne d'Horace ni du café de Delille; nous sommes en progrès, nous avons trouvé des nectars plus merveilleux, et si notre littérature n'a pas enfanté de nouveaux chefs-d'œuvre, elle a mieux que jamais prouvé la question qui nous occupe. D'où nous viennent, dites-moi, ces inventions délirantes qui ont étonné notre époque, sinon de ce que le cerveau des auteurs a été échauffé par un commencement d'ivresse? On a caractérisé plusieurs compositions de nos jours en disant qu'elles sentaient le punch, tant il est vrai que les influences de la vie animale ont leur part dans les travaux de l'intelligence.

Les compositions musicales ont elles-mêmes de ces moyens factices d'inspiration. Témoin le célèbre Vogel, auteur du Démophon. Son clavecin, dit-on, était toujours couvert de flacons au service des liqueurs qui lui donnaient de la verve. Quand il avait exécuté devant plusieurs amis sa fameuse ouverture : Eh bien ! disait-il d'un air de triomphe, est-ce en buvant de la limonade que l'on compose une pareille musique?

On a beaucoup applaudi au commencement de ce siècle à la définition qu'avait proposée un philosophe de premier ordre. L'homme, a dit M. de Bonald, est une intelligence servie par des organes. A la suite d'un siècle athée où régnait le matérialisme, on aimait à entendre dire que l'homme était une intelligence. Mais en y regardant de plus près, il y eut des philosophes, même chrétiens, qui jugèrent que cette définition manquait de justesse ; ils ont dit que les organes, ou, si vous voulez, les opérations des sens n'étaient pas dans l'homme à titre de service, et que la vie organique appartenait à l'essence même de la nature humaine, telle que Dieu l'a créée. Si la définition était vraie et si les organes étaient réellement au service de l'intelligence, il faudrait avouer d'abord que ces serviteurs sont parfois bien infidèles et qu'ils entravent souvent l'intelligence au lieu de la servir. Mais non, il n'y a pas là une substance matérielle ajoutée comme accessoire à la substance spirituelle ; c'est la même âme qui jouit également de la vie intellectuelle et de la vie sensitive.

Des organes au service de l'intelligence ! Eh ! c'est peut-être tout le contraire qu'il fallait dire, Dieu me pardonne ! J'ai beau regarder autour de moi, j'aperçois à chaque instant que dans ces animaux raisonnables, c'est l'intelligence qui est au service des organes et que toutes les préoccupations de leur esprit sont la plupart du temps en faveur de la vie animale. Cette considération me conduit au troisième point de vue de la question que je me suis proposée.

VI.

C'est au point de vue moral que la physiologie humaine prend de l'importance et que nous avons à faire une étude curieuse de l'homme considéré comme animal. Ici le mystère de sa vie cemmence à s'éclairer.

Ce qui fait l'essence de la vie morale, c'est la conscience, c'est-à-dire une volonté libre placée entre les lumières de la vie intellectuelle et les instincts de la vie animale. Ainsi comprise, la conscience peut seule caractériser la raison et justifier la définition d'animal raisonnable.

Saint Augustin fait à ce sujet une belle comparaison. La vie humaine, dit-il, peut être comparée à la course d'un char. La raison tient les rênes, les passions sont comme les chevaux de l'attelage. Si la raison a la main ferme, elle dirige sûrement le char et parvient à son terme ; mais si elle est faible, si elle se laisse dominer par les passions, le char est entraîné dans les précipices.

A cette notion si claire, joignons encore quelque autre citation : « La raison, dit Balmès, est un monarque condamné à une lutte sans repos contre des sujets révoltés. » Avant lui, le poète avait dit dans un début lyrique :

Grand Dieu! quelle guerre cruelle!
Je trouve deux hommes en moi.

C'était l'exclamation de la conscience. Je connais ces deux hommes-là, disait Louis XIV, et il n'est aucun de mes lecteurs qui n'ait eu à faire en gémissant le même aveu. Ce qui se réduit à dire qu'il y a dans l'homme deux vies distinctes, la vie morale et la vie animale, et que la conscience, principe de la première, a besoin d'une volonté forte pour maîtriser les instincts de la seconde. Alors il y a victoire et c'est le sens de la célèbre sentence des anciens : *Vince te ipsum*. Se vaincre soi-même, c'est le triomphe de la volonté sur les penchants les plus intimes, c'est une preuve de force et nous pouvons dire avec le sage : Celui qui sait se vaincre est plus fort que celui qui prend des villes.

Les moralistes chrétiens, c'est-à-dire ceux qui, aidés de l'Evangile, ont le mieux analysé l'âme humaine, ont donné des instincts de la nature une explication que je suis bien aise d'invoquer ici ; elle achèvera d'éclaircir ce mystère de l'homme considéré comme animal. La bête humaine, ont-ils dit, a trois instincts : elle veut *être*, elle veut *avoir*, elle veut *jouir*. Ce sont les trois sources de tous les vices.

1° Elle veut *être*, ce qui suppose non-seulement l'instinct de la conservation, mais encore celui de l'agrandissement. Elle désire sans cesse augmenter ce quelque chose qui s'appelle *moi*, et de là vient l'égoïsme avec tous les vices qui s'y rapportent.

2° Elle veut *avoir*. C'est ce que Spurzheim appelle plaisamment l'instinct de l'*acquisivité*, et les dossiers du parquet nous pourraient montrer sous combien de formes ce penchant se manifeste, mais il a sa racine dans la nature et n'appartient pas au développement d'un lobe du cerveau; sous ce rapport, les phrénologistes ont manqué leur analyse.

3° Elle veut *jouir*, et par jouissances elle entend surtout les voluptés du corps ; ce troisième instinct est encore plus vivant que les deux autres.

Voilà, disent les moralistes, la triple source de tous les excès; voilà les trois côtés de la guerre que la conscience doit soutenir. L'Église leur oppose trois vertus fondamentales, et c'est ainsi qu'elle forme ses enfants à la lutte. Le chrétien, disait l'évêque d'Orléans à son retour de Rome, le chrétien aux prises avec ses passions est le plus sublime athlète qui se puisse voir.

Mais où sont-ils, ces hommes généreux dont le Christianisme a fait des héros et qui ont pour devise : La mort plutôt qu'une tache! *Potius mori quam fœdari !* Combien n'y en a-t-il pas au contraire qui disent avec le poète épicurien :

Video meliora proboque,
Deteriora sequor !

C'est la volonté qui manque d'énergie, c'est la conscience qui se laisse vaincre lâchement par les instincts de la vie animale, et s'il est une considération capable de faire sentir toute l'importance de la victoire, c'est la dégradation dans laquelle tombent quelquefois ceux qui sont vaincus. Vous avez vu peut-être de ces hommes qui avaient donné de belles espérances ; ils avaient reçu du Ciel une intelligence peu ordinaire, ils auraient pu s'illustrer, faire la gloire de leur patrie, la lâcheté de la conscience a tout ruiné, il n'est plus resté de cette riche nature que les instincts de l'homme animal, triste abaissement que déplorait l'auteur de l'*Imitation*, quand il disait : « Ceux qui se nourrissaient du pain des anges, je les ai vus se délecter de la nourriture des animaux immondes. *Vidè siliquis delectari porcorum.* » L. III, C. 14.

Schakespeare qui eut le talent de faire entrer dans son théâtre toutes les monstruosités de la nature humaine, voulut donner le type de l'homme animal dans son Falstaff. Voici la critique bienveillante qu'en faisait dernièrement un des rédacteurs de la *Presse*.

« Malgré ses vices, son infamie, son opprobre, Falstaff n'est jamais odieux. On ne lui en veut pas plus de ses turpitudes qu'à un pourceau de se vautrer dans la fange, son immoralité n'a rien de réfléchi, elle est toute spontanée et toute animale. Il va au vol et à la débauche comme la bête va à sa pâture. » Paul de Saint-Victor.

Détournons les yeux de cette scène. Le type de Falstaff est une exagération qui fait mal à voir, et heureusement c'est une exception. Je suis bien aise néanmoins de la citer pour caractériser une tendance de la nature humaine. Au résumé, dans l'homme, la vie animale n'est pas maîtresse. et une condition de son union intime avec les deux autres vies, c'est d'être dirigée et maîtrisée par la vie morale, sous peine de déchoir. Mais pour cela, il faut l'énergie de la volonté, il faut la guerre, et pour quelques-uns, par malheur, cette condition paraît trop pénible; plutôt que de combattre, ils se résignent à courber la tête.

Là est la vraie source de quelques systèmes matérialistes. Vous voyez des savants qui prennent à tâche de rabaisser l'homme au niveau de la bête, et vous êtes peut-être tentés de prendre leurs idées pour de la physiologie transcendante? Vous n'y êtes pas; le secret motif de leur zèle scientifique c'est que si l'homme n'est qu'un animal, on sera débarrassé de cette conscience importune et de cette loi morale qui prétend nous imposer la guerre et nous commander la victoire. Là est aussi l'origine de ces théories étranges qui ont paru en France depuis 1830, et par lesquelles des philosophes Saint-Simoniens et autres ont annoncé au monde un Christianisme nouveau, plus parfait que l'ancien, qui devait renouveler l'âge d'or sur la terre. Or, quel était ce progrès prétendu de la civilisation? Au fond, ce n'était rien autre chose que la réhabilitation de la chair. Le Christianisme avait enseigné jusqu'alors à mortifier les instincts de la vie animale pour les soumettre à la raison. Les nouveaux apôtres ont prétendu qu'il fallait au contraire favoriser la nature et lui procurer sur la terre toutes les satisfactions possibles. Pour justifier leur doctrine, ils invoquaient Jésus-Christ lui-même, ils vantaient son indulgence et sa douceur et se glorifiaient de le prendre pour modèle. Voici la différence :

Jésus-Christ, avec une bonté toute divine, disait aux

pécheurs : Je vous pardonne, allez et ne péchez plus. Nos nouveaux apôtres pardonnent aussi aux pécheurs, mais ils ajoutent : allez et péchez encore : tous les penchants de la nature sont légitimes.

VII.

L'homme est fait pour la société. Cet aphorisme si commun et si généralement admis signifie-t-il seulement que l'homme a dans sa nature un instinct qui le porte à rechercher la société de ses semblables, ou bien veut-il encore dire que cette sociabilité est fondée sur des lois physiologiques ? La question est digne d'étude. Il y a dans le règne animal plusieurs degrés de sociabilité. Celle des abeilles est fondée sur les lois mêmes de la génération. Celle des castors suppose un travail en commun, tellement que les castors solitaires, comme on en a trouvé dans les affluents du Rhône, tout en conservant leur instinct de construction, ne paraissent que des espèces dégénérées. Enfin il y a des espèces sauvages qui vivent en troupes nombreuses, telles que les bisons de l'Amérique du Nord, mais on n'a trouvé dans leur sociabilité aucune raison physiologique

La sociabilité humaine a-t-elle des points de vue qui ne peuvent s'expliquer que par la physiologie ? Je le crois. Physiologie sociale, ce mot ne se trouve pas dans le *Dictionnaire des sciences naturelles*, et cependant il est assez légitime, ce me semble. Qu'il me soit permis de m'en servir ici.

Le premier principe que nous pouvons trouver dans la physiologie sociale, celui qui doit servir de base à tous les autres, c'est qu'une nation peut être considérée comme un seul homme. Le corps social est composé de plusieurs familles comme le corps humain de plusieurs membres.

Cette théorie très-philosophique n'est pas nouvelle, nous la trouvons déjà exprimée dans la *République* de Platon :

« Il en est d'une ville, d'un état, comme du corps humain, les membres qui le composent ne sont pas tous également nobles, également apparents, également nécessaires ; cependant ils servent tous, par un concours admirable, à la beauté, à la force, à la santé du corps.

» De même il existe entre tous les habitants d'un empire un rapport mutuel de secours qui forme une admirable harmonie. Le prince qui commande, les magistrats, les ministres, les généraux qui exécutent les ordres sont la tête, les bras et les organes les plus nobles du corps social ; mais que deviendraient-ils si, dans un ordre inférieur, il n'y avait d'autres membres destinés à fournir à leurs besoins ? Les soins de la Providence y ont pourvu d'une manière éclatante en établissant diverses conditions. »

Pendant que Platon exposait ainsi sa théorie, elle était la base d'une constitution fameuse qui a duré jusqu'à nos jours sans variations essentielles, je veux dire la constitution brahmanique.

Je lis avec admiration, je l'avoue, cette allégorie des poëtes indiens. La nation indienne, disent-ils, c'est Brahma lui-même. Sa tête est formée de la caste des brahmanes, c'est le siége de la pensée ; la caste militaire forme la poitrine et les bras, elle est chargée de la défense de tout le corps ; le ventre, chargé de faire circuler la nutrition et la vie dans tous les membres se compose de la caste des agriculteurs et des marchands ; et enfin la caste des schoutres, c'est-à-dire des artisans et des domestiques, représente les jambes et les pieds destinés à porter tout le corps.

Chez les Gaulois, se trouvait, ce semble, une organisation analogue, et ce n'est pas sans raison qu'on a comparé le druidisme au brahmanisme. C'était de part et d'autre la division en plusieurs castes séparées.

Mais pourquoi parler des Indiens et des Gaulois, quand nous voyons à peu de chose près le même organisme chez tous les peuples ? Le problème social ne consiste pas à reconnaître dans une nation la distinction entre la tête et les membres, mais à trouver la parfaite harmonie entre l'une et les autres. Il faut un système nerveux bien distribué, avec l'encéphale comme centre vital. Or, c'est cette harmonie que l'on cherche et elle est encore à trouver : celui qui la trouvera aura résolu un grand problème.

Gallien, après avoir expliqué l'organisme du corps humain et en avoir démontré la merveilleuse harmonie, disait qu'il venait de chanter un hymne à la gloire du Créateur. Pourquoi faut-il qu'il n'en soit pas de même du corps social ?

Le temps viendra sans doute où le secret de l'humanité sera découvert. En attendant, contentons-nous de quelques études élémentaires de physiologie.

Un second point de vue de l'état de société où la physiologie a le droit d'intervenir, ce sont les rapports essentiels qui existent entre un corps social et les conditions de la géographie physique : la nature d'un climat doit nécessairement influer sur le tempérament et sur le caractère des peuples qui l'habitent. Les habitants des rivages de la mer ou ceux d'un bois sauvage et profond doivent naturellement hériter quelque chose du murmure des vagues ou des gémissements de la forêt. Si vous frissonnez au tableau que vous font les voyageurs de la race hyperboréenne, des Samoièdes ou des Kamschadales, si vous les plaignez de leur état social, vous ajoutez qu'il faut en partie attribuer leur dégradation à l'inclémence du climat qu'ils habitent. D'autre part, si les Grecs ont mérité d'être appelés les précepteurs du genre humain, ne doivent-ils pas un peu ce privilége à l'azur de leur ciel et au pittoresque de leurs rivages ? Vous trouvez dans les vers de l'*Illiade* le reflet d'un pays enchanteur. De même vous reconnaissez dans les poésies d'Ossian celui d'un climat triste et sauvage.

Et aujourd'hui encore que fait le montagnard écossais sous un ciel nébuleux, avec des nuits prolongées qu'éclairent les lueurs fantastiques des aurores boréales ? Comparez-le avec l'arabe qui brave les ardeurs d'un soleil d'airain dans des solitudes sans verdure. Ils auront tous deux de l'imagination sans doute, mais le premier sera mélancolique et triste comme les ombres du palais de Fingal, et le second sera vif, ardent, cruel comme le chacal du désert.

De cette même loi viennent les usages des nations. Les dromadaires des caravanes traversent encore les déserts de la Mésopotamie comme du temps d'Eliézer; les éléphants servent de monture aux rajahs de l'Inde comme du temps de Porus, et si les steppes de la Tartarie sont parcourus par les chariots et les troupeaux de tribus errantes, reconnaissez-y les descendants des Scythes : c'est la nature de leur pays qui les force à la vie pastorale et nomade, comme c'est le voisinage de la mer qui a développé l'art de la navigation chez les Phéniciens et les Carthaginois.

VIII.

Plus j'examine les diverses conditions de la sociabilité humaine, plus je suis obligé de reconnaître que ce qui fait la personnalité d'un corps social, c'est le développement de ce qui tient à la vie animale. C'est ce que me prouve même ce qu'on appelle progrès de la civilisation.

Je ne suis pas de ceux qui méconnaissent le prix de la civilisation moderne, qui la regardent comme le triomphe du matérialisme. Il y a dans le progrès des arts et de l'industrie un bien réel, plus grand, à mon avis, que ne le pensent les promoteurs même de ce progrès ; il nous conduit vers un but providentiel encore voilé à nos yeux et qui doit amener, je pense, la perfection de l'état social, du moins au point de vue de la vie du corps.

Mais avant de prendre cette civilisation pour base des questions de l'économie sociale, je suis bien aise de faire une distinction et d'examiner dans ce perfectionnement de l'animal raisonnable, quelle est la part de l'animal, quelle est celle de la raison. Or, non-seulement je trouve la bête au fond de notre civilisation, mais encore il me semble que sous un point de vue, c'est elle qui y règne, et en considérant ce qui se passe autour de moi, je m'écrie : Oui, la bête humaine est un animal privilégié, car afin de pourvoir à ses jouissances, on met à profit l'expérience de tous les siècles. Oui, une nation civilisée est en progrès, car la bête y est mieux logée, mieux vêtue, mieux nourrie.

Et à quoi bon, dites-moi, toutes ces œuvres merveilleuses qu'étalent à nos yeux les expositions universelles? Quel est le but avoué de tous ces chefs-d'œuvre de l'industrie et des arts, sinon de multiplier les jouissances de la bête? A qui décernez-vous des brevets d'invention, des médailles, des mentions honorables? A ceux qui ont imaginé une jouissance de plus, un secret nouveau pour rendre la vie plus douce.

Aussi quand je considère les unes après les autres toutes les nations civilisées, et que je vois partout les progrès de la vie animale, je pense au vers d'Ovide :

Pronaque cùm spectent animalia cœtera terram.

Toutes les sociétés humaines en sont là! Eh quoi! le second vers du poète

Os homini sublime dedit

n'aura-t-il pas d'application? Qu'il me soit permis de le dire : parmi toutes les sociétés humaines, il n'y en a qu'une à laquelle on puisse appliquer ce vers en y ajoutant *cœlumque tueri jussit*. C'est le Christianisme ; l'Eglise, en effet, a reçu dès son établissement une fin surnaturelle. Mais je m'arrête ; si je voulais développer cette thèse comme elle le mérite, je sortirais des bornes de la physiologie.

Metz, Imp. J. Verronnais 1.70.

www.ingramcontent.com/pod-product-compliance
Ingram Content Group UK Ltd.
Pitfield, Milton Keynes, MK11 3LW, UK
UKHW022200190726
13855UKWH00004B/1562